筑牢安全防护线

唱斗◎编著

中国工人出版社

图书在版编目（CIP）数据

筑牢安全防护线／唱斗编著. —北京：中国工人出版社，2021.4

（户外劳动关爱丛书系列）

ISBN 978-7-5008-7644-1

Ⅰ. ①筑…　Ⅱ. ①唱…　Ⅲ. ①安全防护－基本知识　Ⅳ. ①X924.4

中国版本图书馆CIP数据核字（2021）第064227号

筑牢安全防护线

出 版 人　王娇萍
责任编辑　李　丹
责任印制　栾征宇
出版发行　中国工人出版社
地　　址　北京市东城区鼓楼外大街45号　邮编：100120
网　　址　http://www.wp-china.com
电　　话　（010）62005043（总编室）
　　　　　（010）62005039（印制管理中心）
　　　　　（010）62382916（职工教育分社）
发行热线　（010）82028820　62033018
经　　销　各地书店
印　　刷　三河市东方印刷有限公司
开　　本　787毫米×1092毫米　1/32
印　　张　2.75
字　　数　33千字
版　　次　2021年7月第1版　2021年7月第1次印刷
定　　价　16.00元

前言

为维护户外劳动者的合法权益，在全国总工会的引领下，各级工会大力推广户外劳动者服务站点建设，全国各地已形成一定规模。

为了更好地发挥各地户外劳动者站点服务劳动者的功能，在站点为户外劳动者解决“休息难、就餐难、如厕难”等难题的同时，本套“户外劳动关爱丛书”针对户外劳动者的工作特点和工作方式，为户外劳动者设计了涵盖维权、高温天气作业、素质提升、安全防护、健康知识等领域的小手册，旨在为广大户外劳动者提供有关工作、生活、身心健康等方面的贴心指南，也丰富户外劳动者站点的服务形式。

本套丛书以图文并茂的形式、通俗易懂的语言，让户外劳动者在体会阅读乐趣的同时，了解与其自身权益息息相关的诸多实用小知识，以享受到更好的服务。

户外劳动安全防护知识

户外劳动个体防护用品选用知识

户外劳动安全防护知识

1 什么是工作伤害?

1921年，国际劳工大会公约提出工伤是指由于工作直接或间接引起的事故。1964年，国际劳工大会规定了工伤补偿应将职业病和上下班交通事故包括在内。

工作伤害主要包括两个方面，即由工作引起并在工作过程中发生的事故伤害和职业病伤害。例如，环卫工人、快递员等户外劳动者在上下班途中，受到非本人主要责任的交通事故或者城市轨道交通、客运轮渡、火车事故伤害，均应当认定为工伤。

2 户外劳动者的常见职业病有哪些？

根据《中华人民共和国职业病防治法》的规定，职业病是指企业、事业单位和个体经济组织等用人单位的劳动者在职业活动中，因接触粉尘、放射性物质和其他有毒、有害物质等因素而引起的疾病。

2013 年，国家卫生计生委、人力资源和社会保障部、安全监管总局、全国总工会四部门联合发布《职业病分类和目录》，将职业病分为 10 大类 132 种。

户外劳动者的常见职业病有很多种。例如，在户外采石场工作时，因接触到生产性粉尘而引发职业性尘肺病；在森林地区开展工作时，因被蜱叮咬而感染职业性森林脑炎；交通协管员、环卫工人因进行夏季露天作业、冬季低温作业而引发职业性中暑、冻伤等。

3 造成户外劳动者职业中毒的常见原因有哪些？

户外劳动者在工作过程中因接触毒物而发生的中毒，属于职业中毒。

在户外劳动过程中，造成职业中毒的常见原因有：

（1）接触到了生产原料、辅料、中间体中的有毒物质。

（2）接触到了动物毒素、植物毒素。

（3）接触到了杀虫剂、除草剂等化学物质。

（4）户外工作场所发生有毒化学物质泄漏等。

4 引起户外劳动者电光性眼炎的原因是什么?

户外劳动者接触紫外线后可引起电光性眼炎或雪盲症。

电光性眼炎是指眼睛的角膜和结膜上皮在大量吸收波长为250~320纳米的紫外线后引起的急性角膜炎、结膜炎。此外，在阳光照射的冰雪环境中工作的户外劳动者会因受到大量反射的紫外线照射而引起急性角膜、结膜损伤，即雪盲症。

轻症电光性眼炎患者有双眼异物感或轻度不适、眼部烧灼感或剧痛，伴有畏光、流泪和视物模糊。如果得到及时处理，一般可在1~2天内痊愈，不影响视力。不过，重症电光性眼炎患者的角膜上皮会呈点状甚至片状剥脱，需要及时就医。

⑤ 户外高噪声会对听力有影响吗?

噪声不仅是工作场所普遍存在的物理因素，也是最为常见的职业病危害因素之一。

户外高噪声会对户外劳动者的听力产生影响，噪声强度越大、接触噪声时间越长，越容易引起听力损伤。

噪声会对耳蜗里的毛细胞产生刺激作用，导致暂时性听力下降。当人回到安静的环境中休息一段时间后，听力可以自行恢复。

不过，当长时间在高噪声环境中工作时，耳蜗里的毛细胞得不到充分的休息，就会出现永久性听力损伤，甚至是噪声性耳聋。

户外劳动者在户外高噪声环境中工作时，可以通过佩戴耳塞、耳罩等防护用品来保护听力。

对噪声性耳聋高发职业——交通协管员来说，最好佩戴具有通讯功能的耳罩来保护听力，预防噪声性耳聋。

6 夏季户外劳动时如何预防中暑?

夏季气温比较高，户外劳动者长时间在户外工作时，非常容易中暑。

为了预防中暑，户外劳动者可以按照我国高温作业卫生标准，采取一系列综合防暑降温措施：

（1）高温作业劳动者应进行就业前和入暑夏前体格检查。

（2）在工作过程中要少量多次饮水。用餐时，多吃蔬菜、水果，以便补充在汗液中流失的维生素和矿物质。

（3）选择以耐热、导热系数小且透气性能好的织物制成的工作服。为了防止辐射热对健康造成损害，可选择用白色帆布或铝箔制成的工作服。

（4）根据不同户外作业的需求，选择能够屏蔽热能的工作帽、防护眼镜、手套等个人防护用品。

冬季户外劳动时如何预防冻伤？

冬季气温比较低，户外劳动者长时间在户外工作时，非常容易冻伤。

冻伤是由寒冷作用引起的人体局部损伤：

受冻后的耳郭常会出现皮肤红肿、奇痒难忍、发热，甚至是水疱、溃疡或是坏死。

受冻后的手常会出现皮肤红肿充血，发热、痒、灼痛等症状。

受冻后的脚常会出现感觉功能低下、皮肤苍白或青紫等症状。

为了预防冻伤，户外劳动者要做好以下几点：

（1）做好防寒保暖工作，选用防寒手套、防寒帽，以及导热系数低、吸湿和透气性强的防护服。

（2）可以适当增食富含脂肪、蛋白质和维生素的食物。

（3）在户外劳动过程中经常揉搓易冻伤部位，促进血液循环。

8 环卫工人在工作时如何预防接触性皮炎?

环卫工人在工作过程中，经常会因为接触粉尘、洗涤剂、消毒剂或者腐蚀性较强的酸性物质、碱性物质而引起接触性皮炎。

环卫工人的接触性皮炎常发于手部皮肤，轻者会出现皮肤干燥、起皮、刺痒的症状，重者会出现红肿、水疱、疱疹、结疤等症状。

预防接触性皮炎的最好方法是注意个人卫生——勤洗手、擦护手霜，在工作时佩戴防护手套。症状严重的患者一定要及时就医。

9 出租车、货车、网约车司机如何预防慢性腰肌劳损？

出租车、货车、网约车司机因在车中久坐，容易导致腰肌或筋膜反复收缩、牵拉甚至受伤。时间一长，这些受伤组织的牵拉或压迫神经可引发慢性腰肌劳损。

慢性腰肌劳损是慢性腰痛中最为常见的一种疾病，以长期反复发作的腰部疼痛为主要表现。

有的司机为了赶时间，连续五六个小时开车，中途不休息；有的司机用同一种姿势开车，导致腰部肌肉一边松弛、另一边负荷过重，而负荷过重的一侧腰肌很容易出现痉挛等症状。

为了预防慢性腰肌劳损，出租车、货车、网约车司机要加强体育锻炼，使肌肉、韧带、关节囊处于健康的状态；开车时要保持良好的姿势，注意劳逸结合。

⑩ 交通协管员如何预防下肢静脉曲张？

下肢静脉曲张多见于长期站立或行走的户外劳动者，常见于交通协管员等职业人群。

对于交通协管员来说，下肢静脉曲张随工龄的延长而加重，女性比男性更容易患病，常发作于小腿内上部。

出现下肢静脉曲张后，会经常感到下肢及脚部疲劳、坠胀或疼痛，严重者可出现水肿、溃疡、化脓性血栓静脉炎等。

为了预防下肢静脉曲张，交通协管员要注意以下几点：

（1）避免久站。站立40分钟后，要改变一下体位，坐10分钟以缓解肢体的肿胀程度。休息时，可适当将脚抬高，以缓解不适症状。

（2）如果下肢的酸胀感较重，建议穿弹力袜来进行预防治疗。早期可以穿保健型弹力袜，病情逐渐加重时可以穿治疗型弹力袜。

（3）当浅静脉血栓刺激皮肤产生红、肿、热、痛等症状时，要及时就医。

11 造成户外劳动车辆伤害事故的常见原因有哪些？

户外劳动车辆伤害多指在生产劳动过程中因使用不同类型的汽车、电瓶车、挖掘机、有轨车、推土车、拖拉机、电铲等施工设备而造成的伤害。

造成户外劳动车辆伤害事故的常见原因有：

（1）车辆在行驶过程中出现辗压、碰撞或倾覆等情况，造成人身伤害事故。

（2）在车辆行驶过程中，因上下车、扒车、非作业者搭车等情况造成人身伤害事故。

（3）在对车辆进行装卸、就位、铲叉等过程中，因违反操作规程而造成人身伤害事故。

（4）车辆在行驶过程中因碰撞到建筑物、构筑物、堆积物等引起倒塌、物体散落等而造成人身伤害事故。

⑫ 造成冬季户外劳动交通事故高发的常见原因有哪些？

冬季易出现降温、大雾、雨雪等恶劣天气，特别是在早晨和黄昏时段，路面能见度低。户外劳动者在行走或行驶过程中常因视线模糊或前挡风玻璃和后视镜镜面被潮气笼罩，难以对前方道路状况作出准确的判断，加之视觉疲劳和心理焦虑，容易发生道路交通事故。

此外，在低温环境下工作的户外劳动者如快递员、外卖员、环卫工人等，还会出现手脚冰凉，反应较往常迟钝，遇事不能做出及时、准确的预判和操作的问题，再加上路面湿滑等原因，很容易引发严重的交通事故。

13 造成户外劳动机械伤害事故的常见原因有哪些?

（1）在户外检修、检查工作装备或作业设施时，因忽视安全操作规程而造成人身伤害事故。例如，环卫工人检修、维护、清理公用市政设施时，因未切断电源、未挂“不准开闸”的警示牌、未设专人监护等情况而造成人身伤害事故。

（2）在户外检修、检查工作装备或作业设施时，因机具缺乏安全装置导致运动或静止部件、工具、加工件直接与人体接触而造成人身伤害事故。这类强大的机械动能常常导致碰撞、弹击、绞卷、挤夹、剪切、碾压、割刺、倾覆等人身伤害，造成人员重伤甚至死亡。

14 造成户外劳动物体打击事故的常见原因有哪些?

（1）开展户外高空作业时，容易出现砖瓦、工具零件、木块等高处掉落物伤人事故。

（2）带“病”设备运行时，容易出现飞出部件伤人事故。

（3）违章操作设备时，容易出现铁棒等弹出物伤人事故。

（4）压力容器爆炸时，容易出现飞出物伤人事故。

（5）开展放炮作业时，容易出现乱石伤人事故。

⑮ 造成户外劳动高处坠落事故的常见原因有哪些？

户外劳动高处坠落是指从离地面 2 米及以上的工作地点坠落造成的人身伤害事故。

造成户外劳动高处坠落事故的常见原因有：

（1）脚下的蹬踏物突然发生断裂或滑脱。

（2）高处作业劳动者在移动位置时，不小心踏空或身体失去平衡。

（3）高处作业劳动者的停留位置不当，被移动的物体碰撞后直接坠落。

（4）工作地点没有安全设施，或者安全设施不完备、损坏。

（5）高处作业劳动者缺乏高处作业相关安全知识和防护意识。

16 造成户外劳动触电事故的常见原因有哪些？

户外劳动触电事故是指人体接触到具有不同电位的两点时，由于存在电位差，在人体内形成电流，造成损伤甚至死亡。

造成户外劳动触电事故的常见原因有：

（1）电气线路、设备的检修安装不符合安全要求，或者检修制度不规范、不严格。

（2）未经过正规培训的非电工擅自处理电气故障，违反带电作业安全操作规程，例如未穿戴绝缘手套、绝缘鞋等。

（3）在户外劳动过程中，无意中接触到漏电的工具、设备或带电物体等。

（4）在户外劳动过程中，因移动长、高金属物体时，不小心触及高压线。

局部电伤害会引起电弧烧伤，严重的电击伤则会因引起心脏颤动、停跳而导致死亡。

17 造成户外劳动火灾事故的常见原因有哪些?

火灾是指在时间和空间上失去控制的燃烧造成的灾害，分为特大火灾、重大火灾、较大火灾和一般火灾四个等级。

造成户外劳动火灾事故的常见原因有：

（1）使用工作设备时，未按相关安全要求操作或看护，致使设备过热，引燃可燃物。

（2）乱用明火，例如乱扔燃烧着的烟头，引燃可燃物。

（3）乱用电器，致使电器线路超负荷运行，造成短路，引发绝缘层燃烧。

（4）化学制剂保管不善，引起化学反应发热或挥发后达到临界浓度，遇明火而引发爆炸。

（5）开展电焊作业时防护不当，致使火花乱溅，引燃可燃物。

（6）使用液化石油气等危险品时，未按相关安全要求操作，引燃可燃物。

发生火灾时，应采取控制可燃物、减少氧气、降低着火点、化学抑制等综合措施来灭火。

18 户外劳动者如何防范紫外线辐射?

紫外线是指波长范围在100~400纳米的电磁波，又称为紫外辐射。太阳是紫外线的最大天然辐射源。太阳辐射中适量的紫外线对人体健康起积极作用，例如能够促进人体合成维生素D_3，但过强的紫外线辐射对机体是有害的。

强烈的紫外线辐射可引起皮炎，表现为皮肤出现红斑，有时伴有水疱和水肿。如果长期暴露于强紫外线环境，可使人体的结缔组织丧失弹性，引起皮肤皱缩和老化，严重的可诱发皮肤癌。

紫外线较强时，户外劳动者必须穿戴专业的防护眼镜、防护面罩、防护服和防护手套。开展具有紫外辐射的户外劳动时，必须使用移动屏障围住操作区，以免其他工种劳动者受到紫外线照射。

19 户外劳动者如何防范大风、雷雨、雾霾等恶劣天气影响?

户外劳动时遇到大风、雷雨、雾霾等恶劣天气，需要注意以下几点：

（1）不要在高楼平台上停留，并远离高层建筑物。

（2）不要进入户外空旷处的棚屋里。

（3）远离外露的水管、煤气管等金属物及电力设备。

（4）遇到雷雨天气时，不要在大树下躲避，万不得已时，最好与树干保持3米以上的距离，保持下蹲并将双腿并拢。在户外看见闪电的几秒钟内就听见雷声，说明正处于近雷暴的危险环境中，应立即停止行走，下蹲并将双腿并拢。在雨季开展户外劳动，应随身携带塑料雨具、雨衣等防护用品。

（5）遇到雾霾天气时，要做好个人防护，佩戴过滤效率高的呼吸防护用品，如N95口罩等。

20 户外劳动者如何防范生物危害?

生物危害是指由细菌、病毒、寄生虫等生物性有害因素导致的疾病，可分为五类：职业性细菌传染病，如炭疽、布氏菌病等；职业性病毒传染病，如森林脑炎、口蹄疫、狂犬病等；职业性真菌病，如放线菌病、皮肤真菌病等；职业性螺旋体传染病，如钩端螺旋体病；职业性寄生虫病，如包囊虫病、绦虫病、钩虫病等。

职业性传染病往往与非职业性传染病（如新冠肺炎、流感）同时存在，而且具有地区性。户外劳动者可以从控制传染源、切断传播途径、保护易感者 3 个方面防范职业性传染病，不仅要穿戴安全防护用品、选用相关消毒用品、避免在昏暗的地方工作，还要勤洗手、佩戴口罩、保持适当的社交距离等，减少患非职业性传染病的概率。

 户外劳动者如何防范动物攻击？

户外劳动者在户外劳动过程中，难免会遇到被野生动物、流浪狗、流浪猫等攻击的情况，甚至可能会被病兽咬伤，感染上传染病。

为了防范动物攻击，户外劳动者需要注意以下几点：

（1）积极接受户外劳动安全教育，了解工作所在地的动物攻击事故高发区域和类型，提高防范意识。

（2）穿戴合适的安全防护服和长靴，携带喷雾器、警报器等工具，避免单独在不熟悉的区域工作。

（3）一旦受到动物攻击，应立即用肥皂水或清水彻底冲洗伤口，并及时就医。

户外劳动者如何防范“夺命下水井”？

下水井是城市生活的必需品，在大街小巷分布着各种用途的下水井，这些下水井的井盖在路面上常年经受日晒雨淋、车辆碾压，很容易成为“马路黑洞”，埋下很大的安全隐患。

在户外劳动过程中，一定要注意以下几点：

（1）走路时绕开下水井，以免因井盖松动或者缺失而发生危险。

（2）发现没有盖的下水井要及时报警或设置警示障碍物。

（3）雨天不涉水过马路。积水打旋的地方可能是下水井，一定要绕行。

（4）不往下水井扔烟头、打火机等，以免发生爆炸。

 户外劳动者的不安全行为有哪些？

安全工程学家曾做过一项调查，在 75000 起工伤事故中，有 98% 的事故是可以预防的。在可预防的工伤事故中，以人的不安全行为为主要原因的事故占到了 90%。

不安全行为是指造成人身伤亡事故的人为错误，不仅包括引起事故发生的不安全动作，也包括应该按照安全操作规程去做而没有去做的行为。

不安全行为包括操作错误、忽视安全警告、造成安全装置失效、使用不安全设备等多个方面。例如，快递员、外卖员为抢时间闯红灯、逆行所引起的交通事故。

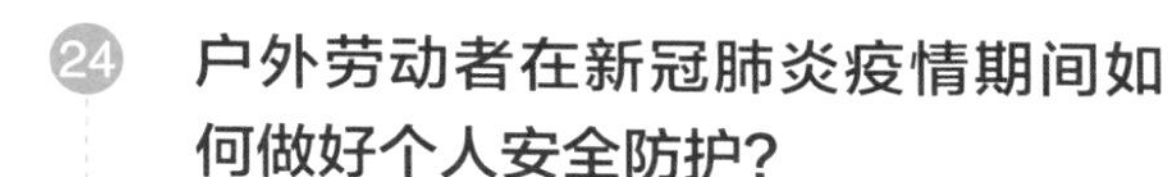

24 户外劳动者在新冠肺炎疫情期间如何做好个人安全防护？

新冠肺炎是传染性疾病，主要通过直接传播、气溶胶传播和接触传播 3 种方式进行传播。

直接传播是指患者打喷嚏、咳嗽、说话时产生的飞沫、呼出的气体被近距离直接吸入导致感染。

气溶胶传播是指飞沫混合在空气中形成气溶胶被吸入后导致感染。

接触传播是指飞沫沉积在物品表面，手接触到污染物后，再接触口、鼻、眼睛等部

位的黏膜组织导致感染。

户外劳动者在新冠肺炎疫情期间可以通过注意个人卫生、佩戴口罩、保持适当的社交距离等方式来减少感染的机会。

例如，快递员在运输、配送等多个环节都要做好必要的消杀工作，上岗时佩戴好口罩、护目镜、手套，并随身携带酒精、消毒液等物品。消费者则可选择无接触取件，需要当面取件时，应佩戴口罩、一次性手套，并自带签字笔。

环卫工人在工作时如何防范沼气爆炸？

沼气是一种混合性可燃气体，其成分不仅取决于发酵原料的种类和相对含量，而且会随着发酵条件和发酵阶段的不同而变化。一般情况下，沼气的主要成分是甲烷和二氧化碳，此外还有少量的氢、一氧化碳、氮、硫化氢等气体。

沼气的爆炸下限为5%，上限为16%。如果沼气的浓度在这个范围内，一旦遇到火，就会发生爆炸。例如，环卫工人点火解冻井盖曾引发沼气爆炸事故。

环卫工人在户外劳动过程中，为防止沼气爆炸，可采取以下措施：加强通风，定时检测并及时处理局部沼气积存，防止沼气积聚；杜绝火源，加强电气设备管理和维护，防止沼气引燃；限制沼气爆炸范围，防止爆炸后过快扩散。

环卫工人在工作时如何应对窒息情况?

窒息是人体在呼吸过程中由于某种原因受阻或异常而产生的全身各器官组织缺氧、二氧化碳潴留而引起的组织细胞代谢障碍、功能紊乱和形态结构损伤的病理状态。当人体严重缺氧时，器官和组织会出现大面积的损伤、坏死，甚至引发大脑坏死和死亡。

从事下水道、污水井清污的环卫工人会因接触到大量的硫化氢、甲烷等而出现窒息情况。一旦发现窒息先兆，应迅速离开中毒现场至通风处，并积极进行氧疗，对中度、重度中毒窒息者应尽早进行高压氧治疗。

环卫工人在工作时如何加强交通安全防范?

（1）积极接受职业安全教育，全面了解环卫作业存在的安全隐患，了解道路交通安全法律、法规以及注意事项，提高自我防护意识。

（2）穿戴好个体防护用品。工作前要先检查工作服和安全帽的反光条是否脱落、钮扣是否缺少，不符合安全质量的要立即更换；胸前要佩戴工作牌。

（3）检查配有安全标志保洁车的安全性。出车前，要全面检查车辆性能：车辆四面安全反光条是否完整、轮胎是否正常、刹车是否失灵、是否备齐工具（如锥形警示筒）等。

（4）必须做到“三要三不要”：要同方向作业不要逆向，要单边作业不要横穿马路，要“一看二让三捡拾”不要匆忙穿过马路、捡拾垃圾。

28 出租车、货车、网约车司机如何避免因打瞌睡而引发交通事故?

人的睡眠受生理节律的影响。通常，成年人的睡眠时间在7小时左右。出租车、货车、网约车司机在睡眠时间不足或睡眠质量不高时驾车，容易打瞌睡，属于疲劳驾驶。

疲劳驾驶是造成交通死亡事故的重要原因之一。发生车辆碰撞的高峰时间多为下午的1~4点、午夜到清晨之间，其中两成交通事故是由疲劳驾驶造成的。

打瞌睡也即微睡眠，只有 2~3 秒的睡眠时间，但就是这一眨眼的工夫，对正常行驶的车来说，足以冲出去几十米，酿成惨烈的交通事故。

为了避免因打瞌睡而引发交通事故，出租车、货车、网约车司机应提高安全防范意识，不为了追求利润而多跑少睡、昼夜兼程，更不能通宵达旦玩游戏、打麻将。发现自己疲劳时，应及时停车休息，不可存在侥幸心理。

 外卖员如何在送餐时防范交通事故？

（1）严格遵守交通规则，牢记生命安全大于一切，不为了多送单、避免送单延时而匆忙赶路，更不可肆意横冲直撞、超速、逆行、闯红灯。

（2）提高安全防护意识，正确佩戴安全帽、穿戴具有警示标识的工作服。

（3）定期检测电动车的安全技术状况，保证上路行驶的安全性。

30 交通协管员在执勤时如何防范交通事故？

随着社会的飞速发展，交通管理事务日益繁杂。交通协管员往往要在交通繁忙的路段或路口，协助交警人员管好交通状况，主要负责行人和车辆的秩序。

交通协管员在认真完成本职工作的同时，也要注意防范交通事故：

（1）上岗前，认真学习道路交通安全知识。

（2）执勤时，穿戴好工作服、具有警示标识的背心、手套等个体防护用品。

（3）由于没有处罚权，在遇到超速驾驶、酒后驾驶、疲劳驾驶等特殊情况时，要及时联系交警，配合交警的工作，避免出现交通事故。

31 交通协管员如何防范人际冲突等突发事件?

近年来，交通协管员在消除交通隐患、确保道路交通安全各项工作中发挥了重大作用，有效遏制了交通安全事故的发生，有力保障了人民的生命财产安全。然而，交通协管员在开展工作中常常不被理解，甚至出现殴打、辱骂交通协管员的违法犯罪案件。

交通协管员在防范人际冲突等突发事件时，需注意以下几点：

（1）运用执法记录仪、手机视频等记录事件处理经过，并提醒对方自己具有协助处理权。

（2）对事不对人。在发生冲突或争执时，客观分析冲突起因与双方对错，不将冲突扩大化，给情绪降温，做合理让步，及时化解冲突。

（3）无法控制事态时立即报警，公安机关可依法处置殴打、辱骂交通协管员的人员。

户外劳动个体防护用品选用知识

 头部防护用品有哪些?

对头部起保护作用的头部防护用品是指具有防止冲击物伤害头部、防止毛发污染等功能的个体防护用品。

根据防护作用，头部防护用品主要分为安全帽、防护头罩和一般防护帽三种。例如，建筑工人佩戴的头部防护用品是安全帽，养蜂人佩戴的是防护头罩，食品加工人员、医生、护士佩戴的帽子统称为一般防护帽。

安全帽的种类有哪些?

安全帽的品种、类型比较多，结构形式也多种多样。按照安全帽的用途，可分为一般作业类安全帽和特殊作业类安全帽两种。

一般作业类安全帽具有抗冲击防护性能和耐穿刺性能，用于存在冲击伤害的作业场所，例如建筑工地。特殊作业类安全帽具有特殊的防护作用，用于存在电、强热辐射等有害因素的作业场所。

一般来说，户外作业常用的安全帽有用长绒或羊剪绒制成的带帽耳的防寒安全帽，可防太阳辐射、风沙和雨雪的纸胶安全帽等。

 佩戴安全帽时有哪些注意事项？

安全帽是保护头部、防止和减轻头部伤害、保证生命安全的重要个体防护用品，与安全带、安全网一起被称为“安全三宝”。佩戴时，要注意以下几个方面：

（1）安全帽的下颌带不仅要扣在颌下，而且要系紧。

（2）要定期检查安全帽是否有龟裂、下凹、裂痕和磨损等情况。发现异常现象要立即更换，任何受过重击、有裂痕的安全帽，不论有无损坏现象均应报废，不得继续使用。

（3）严格按照规章制度使用安全帽，养成自觉佩戴安全帽的习惯，绝不能私自改造安全帽，不能将安全帽长时间放在高温、酸碱、潮湿的环境中。

听力防护用品的种类有哪些？

当作业现场的噪声水平超过职业卫生标准规定的限值时，为预防噪声性耳聋等由噪声引起的职业健康危害，应选择使用听力防护用品。

听力防护用品也称护听器，是预防噪声危害的个体防护用品，用于保护听觉系统免受噪声的过度刺激或伤害。

目前，听力防护用品主要有耳塞和耳罩两类产品。耳塞是一类插入耳道或置于外耳道入口，能和耳道形成密封的护听器。耳罩是由围住耳郭四周，并且紧贴头部、遮住耳道的壳体组成的护听器。

 如何正确选用听力防护用品?

户外劳动者在高噪声环境中工作时，佩戴耳塞、耳罩等听力防护用品，对于降低接触噪声水平和减少噪声危害具有重要的作用，是目前最为经济、有效的防护手段，也是听力保护的最后一道防线。

正确选用听力防护用品需要注意以下几个方面：

（1）对工作区域的噪声进行调研分析，以确定有效的防护措施。根据《用人单位劳

动防护用品管理规范》等法规和标准，确定是否需要配备听力防护用品，原则上应依据等效声级，大于或等于 85 分贝（相当于汽车在马路上穿梭的声音）必须配备，小于 85 分贝按需配备。

（2）正确选用听力防护用品需要综合考虑噪声源的类型、强度和频率；各工种、岗位的噪声接触水平；劳动者的健康状态、作业方式等方面。

例如，高温环境劳动者建议佩戴耳塞，而不是耳罩；如果劳动者患有耳部疾病，建议佩戴耳罩。

37 使用听力防护用品时有哪些注意事项？

（1）应在进入噪声环境前戴好，在噪声区不要随意摘下，以免伤害耳膜。如确需摘下，应在休息时或离开后到安静处取出耳塞或摘下耳罩。

（2）用过的耳塞或耳罩软罩、软垫须用肥皂、清水清洗干净，晾干后收藏备用，使用后应及时放在盒内，以免因受热、挤压而变形。硅胶耳塞可撒少许滑石粉，以防变质、变形。

（3）不能与油类及酸碱接触，否则会变形、变质。若不小心沾到油类或酸碱，为确保良好的隔音性能，应及时更换新产品。

38 什么是听力保护计划?

听力保护计划是用人单位职业健康管理制度的组成部分之一，为保护劳动者听力健康发挥着不可替代的作用。

我国以及很多国家和地区的职业健康管理法规都对听力保护和听力保护计划进行了规定。

对户外劳动者来说，可以要求用人单位根据听力保护计划为自己提供相应的防护用品。

例如，园林工人使用锄草机锄草、使用电锯修剪树枝时的噪声远远超过了 85 分贝，如果不采取听力保护措施，就会产生严重的听力损害。根据听力保护计划，园林工人可要求用人单位对作业场所噪声危害进行辨识和评估，并采取相应的个体防护措施，提供噪声危害和防护知识培训，发放合适的护听器，指导如何正确使用和维护护听器，等等。

 护目镜的种类有哪些？

户外劳动者佩戴护目镜的主要目的是防护一些高速粒子或飞屑冲击、物体击打、紫外线或红外线等有害因素对眼睛的伤害。

根据防护原理，护目镜可以分为安全型护目镜和遮光型护目镜。

一般来说，户外作业人员要选择安全型护目镜，焊接作业人员则要佩戴遮光型护目镜。

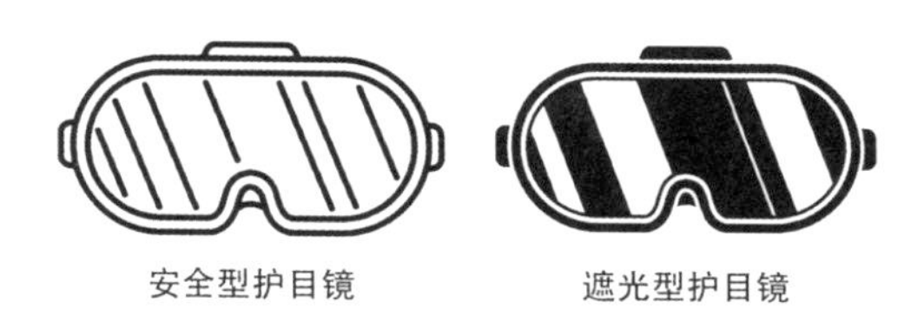

安全型护目镜　　遮光型护目镜

40 如何正确选用护目镜?

户外劳动者要根据自身工作场所的特点，对职业性有害因素进行辨识，并有针对性地选用护目镜。

（1）驾驶员选用的护目镜要既能防止紫外线的伤害，又不会影响视野。在开车时，尽量不要选用镜片颜色过深的护目镜，因为颜色太深的镜片会降低眼前景象的对比度。

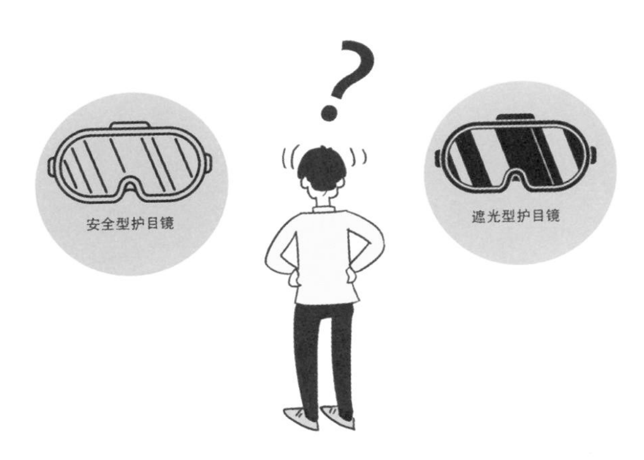

（2）户外电焊作业在焊接过程中会产生大量人眼看不见的紫外线，对电焊工的眼睛产生极强的刺激，出现疼痛、畏光、流泪、怕风等症状，引发结膜炎和角膜炎，即电光性眼炎。电焊工在进行焊接作业时，应选用具有防紫外线作用的防护眼镜或防护面罩，预防电光性眼炎。

41 呼吸防护用品的种类有哪些?

呼吸防护用品是防止有害气体、蒸汽、粉尘、烟和雾经呼吸道吸入，或直接向使用者供氧或清净空气，保证在尘、毒污染或缺氧环境中正常呼吸的防护用品。

按照防护原理，呼吸防护用品分为过滤式呼吸防护用品和隔绝式呼吸防护用品。常见的过滤式呼吸防护用品包括防尘口罩、防毒口罩和防毒面具等，隔绝式呼吸防护用品包括氧气呼吸器、空气呼吸器等。

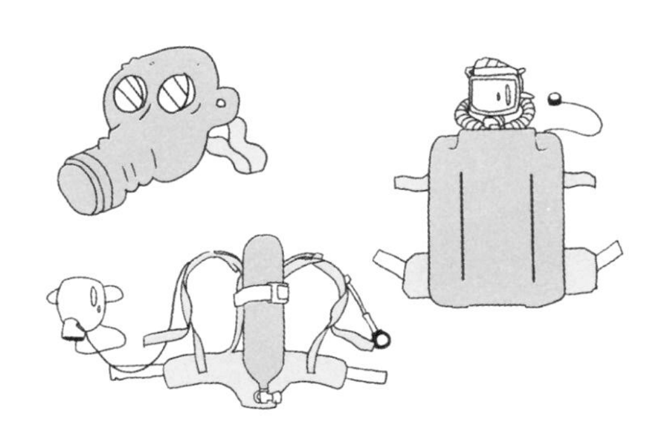

42 口罩的种类有哪些?

口罩是用来遮盖人的口、鼻部位，阻挡污染物进入呼吸系统，并且能够提供安全空气的防护用品。

口罩可以分为 N95 型口罩、医用外科口罩、活性炭口罩、纱布口罩、防毒口罩、防尘口罩等。

需要注意的是，目前很多户外劳动者会选择纱布口罩来预防粉尘危害。大量的研究证明，纱布口罩不具有有效的防尘功效，不能作为防尘口罩来使用，应选用专门的有机气体及粉尘防护口罩。

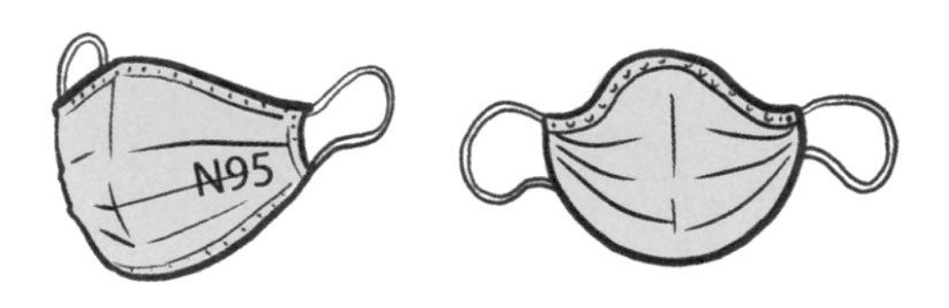

43 如何正确佩戴口罩?

目前市场上的口罩种类比较多，不同产品的佩戴方法略有不同。户外劳动者在佩戴口罩时要注意以下几点：

（1）把口罩的头带调整到一个比较舒适的位置。

（2）按照自己鼻梁的形状按压口罩上的金属夹，注意务必要用双手操作。

（3）佩戴口罩前要清洁双手，口罩佩戴好后才能进入工作区。未佩戴好口罩不得进入污染工作区。

什么是呼吸保护计划?

呼吸保护计划是一种在使用呼吸器的机构内建立的管理制度，用于规范呼吸防护的所有环节，应作为用人单位内部建立的个体防护装备配备执行标准的重要组成部分。

呼吸保护计划在很多国家已被视为确保呼吸防护用品得到正确选择、使用与维护的关键措施，国外同类标准中都有呼吸保护计划的内容，有些国家甚至通过法规将它作为用人单位强制推行的管理措施要求。

我国标准（GB/T 18664–2002）规定用人单位应建立并实施规范的呼吸保护计划。

根据呼吸保护计划，交通协管员、环卫工人、园林工人、建筑工人等户外劳动者可要求用人单位对工作场所中能够接触到的粉尘、有毒有害物质等呼吸危害进行风险评估，并根据评估结果指导如何正确选择、使用和维护呼吸防护用品，例如防尘口罩、防毒口罩、防毒面具等。

45 防护手套的种类有哪些？

防护手套是为了防御工作过程中的物理、化学和生物等外界因素伤害手部而佩戴的个体防护用品。

防护手套的种类繁多，包括耐酸碱手套、防切割手套、电绝缘手套、防水手套、防寒手套、防热辐射手套、耐火阻燃手套等。

46 使用防护手套时有哪些注意事项？

（1）应依据不同的手形选择合适的防护手套，戴防护手套前要洗净双手，摘掉防护手套后要洗净双手，并擦护手霜以补充天然的保护油脂。

（2）根据防护对象、工作场所、作业性质来选用防护手套，防止误用防护手套而适得其反。

（3）使用防护手套前，必须仔细进行外观检查，向手套内吹气，在手套的袖口部用手捏紧防止漏气，观察套体是否会自行漏气，一旦发现手套破损，应立刻更换，以保证安全。

（4）使用防护手套后，要妥善放置，防止受压、受潮或受热。

（5）使用绝缘手套时，应定期进行耐压检测，使用前必须检查是否有破损以防绝缘损坏，使用时最好内衬线手套以吸汗，并注意防止被利物划破和接触酸、碱、油类物质。

防护鞋的种类有哪些?

一般来说，户外劳动者适用的防护鞋有以下几种：

（1）防砸鞋：在鞋头装有金属或非金属内包头，保护足趾免受外来物体打击伤害。

（2）防刺穿鞋：在内底与外底之间装有防刺穿垫，防止足底刺伤。

（3）防热鞋：在内底与外底之间装有隔热中底，保护高温作业人员足部在遇到热辐射、飞溅的熔融金属火花或在热物面上短时间行动时免受烫伤、灼伤。

（4）绝缘鞋（靴）：使足部与带电物体绝缘，预防触电伤害。

（5）耐酸碱鞋（靴）：防止酸碱溶液直接侵袭足部，避免腐蚀、烧烫等伤害。

（6）防寒鞋（靴）：用于低温作业人员的足部防护，以免冻伤。

48 躯体防护用品的种类有哪些？

躯体防护用品是指用于防御外界因素伤害躯体的护具，是作业人员在作业过程中抵御各种有害因素的一道屏障，能有效地覆盖作业人员的身体，保护现场作业人员免受环境中物理因素（高温、低温、风、雨、水、火、粉尘、静电、放射源等）、化学因素（毒剂、油污、酸、碱等）和生物因素（昆虫、细菌、病毒等）的伤害。

躯体防护用品一般可分为两种：

（1）一般防护服：防御普通伤害和脏污，在一般作业环境下都适用，可有效防止液体、粉体或其他微小物质等有害物质渗入侵蚀人体。

（2）特种防护服：具有特定防护功能，适用于特定环境下穿用。

49 防坠落用品的种类有哪些？

防坠落用品是通过安全绳（带）将高空作业者的身体系于固定物体上或在作业场所下方张网以防不慎坠落。正确使用防坠落用品可以在很大程度上预防坠落事故的发生。

防坠落用品主要包括两种：

（1）安全带：防止高处作业人员发生坠落或发生坠落后将作业人员安全悬挂的带状个体防护装备，主要由安全绳、腰带、各种金属配件组成，分为坠落悬挂安全带、区域限制安全带、围杆作业安全带三种类型。

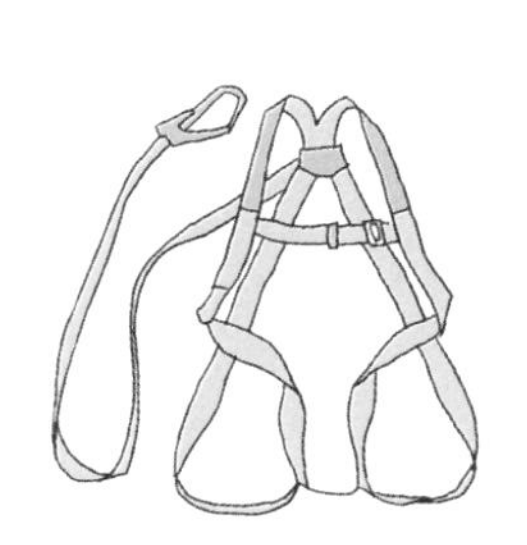

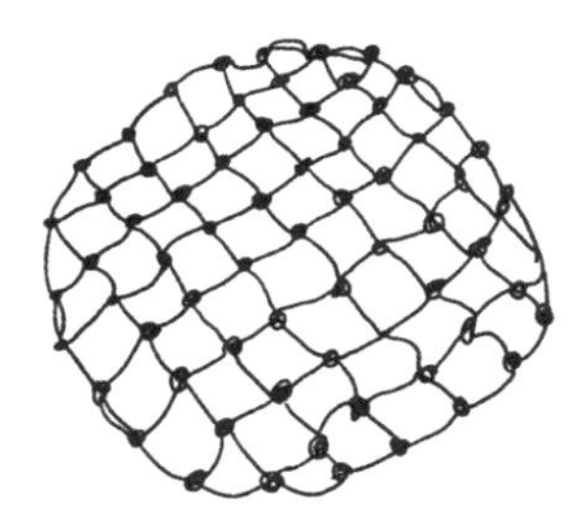

（2）安全网：用来避免或减轻高处作业人员从作业面坠落伤亡，防止生产作业中使用的物体落下伤及作业面下方人员的网体防护用品，主要由网体、边绳、系绳和筋绳组成，密目式安全立网上还设有金属开眼环扣、挂钩等可以固定、连接系绳的附件。

需要注意的是，防坠落用品并不仅指身体支撑装置，而且指个体坠落防护系统。例如，高层建筑空调安装人员、玻璃清洁工工作时必须佩戴安全带。

50 使用防坠落用品时有哪些注意事项?

（1）保存、运输时应注意通风、遮光、隔热，同时还要避免化学物品侵蚀，搬运时不能用利器钩取。

（2）不得私自拆换安全用具上的各种配件，更换新件时应选择合格的配件。

（3）使用前，应检查各个部件是否牢靠、有无破损或其他缺陷，确保安全才能使用。

（4）做好定期检查，安全带在使用 2 年后应做一次抽检，安全网在使用 3 个月后可以截取网内的系绳做干湿强力比较实验。

（5）注意产品的安全使用期限，安全带的使用期一般是 3~5 年。